Das Boolesche Logik-Kalkül

AF191340

George Boole war ein englischer Mathematiker, Logiker und Philosoph, der im 19. Jahrhundert lebte. Er ist vor allem bekannt für seine Arbeiten zur Mathematik und Logik, insbesondere für sein Boole'sches Kalkül, das die Grundlage für die moderne algebraische Logik und die Mathematik der Schaltkreistechnik bildet. Boole studierte an der Universität Cambridge und wurde später Professor für Mathematik an der Queen's College in Cork, Irland. Er veröffentlichte zahlreiche Bücher und Artikel zu verschiedenen mathematischen und logischen Themen, darunter "The Mathematical Analysis of Logic" und "An Investigation of the Laws of Thought". Boole starb im Alter von 49 Jahren an der Auswirkungen einer Lungenentzündung.

Über den Text:

Das Logik-Kalkül von Boole ist ein Formalismus, der von George Boole entwickelt wurde, um die Logik in algebraischer Form darzustellen. Mit diesem Formalismus können Aussagenlogik und Wahrscheinlichkeitstheorie mathematisch analysiert werden. Boole'sche Algebra (auch als Boolean Algebra bezeichnet) ist die Grundlage für viele Bereiche der modernen Mathematik und Computerwissenschaften, insbesondere im Bereich der Informatik und der Schaltkreistechnik. Das Boole'sche Kalkül ermöglicht es, komplexe logische Verknüpfungen zu analysieren und zu optimieren, was für die Entwicklung von Schaltungen und Algorithmen von großer Bedeutung ist.

DAS BOOLESCHE LOGIK-KALKÜL

Von

GEORGE BOOLE

Ursprünglich erschienen in:

**Cambridge and Dublin Mathematical Journal
Vol. III (1848), S. 183-98**

Neuübersetzung 2022

ToppBook Wissen Bd. 59

Bibliografische Information der Deutschen Nationalbibliothek:
Die Deutsche Nationalbibliothek verzeichnet diese Publikation in der
Deutschen Nationalbibliografie; detaillierte bibliografische Daten
sind im Internet über dnb.dnb.de abrufbar

Neuübersetzung 2022

Herstellung und Verlag: BoD – Books on Demand, Norderstedt

ISBN: 978-3-7568-9040-8

Inhaltsverzeichnis

Das Boolesche Logik-Kalkül

In einem kürzlich erschienenen Werk [1] habe ich die Anwendung einer neuen und besonderen Form der Mathematik auf den Ausdruck der Operationen des Verstandes beim Argumentieren gezeigt. Im vorliegenden Aufsatz möchte ich einen Teil dieser Abhandlung so wiedergeben, dass ein korrektes Bild von der Natur des entwickelten Systems entsteht. Ich werde mich bemühen, die Positionen, in denen seine charakteristischen Unterscheidungen bestehen, deutlich darzulegen, und werde eine genauere Illustration einiger Merkmale bieten, die in dem (S. 184) [2] ursprünglichen Werk weniger hervorgehoben sind. Der Teil des Systems, auf den ich meine Betrachtungen beschränken werde, ist derjenige, der die kategorischen Sätze behandelt, und die Positionen, die ich unter dieser Einschränkung veranschaulichen will, sind die folgenden:

(1) Die Logik befasst sich mit den Beziehungen zwischen den Klassen und mit den Formen, in denen der Verstand diese Beziehungen betrachtet.

(2) Dass es, bevor wir das Vorhandensein von Sätzen anerkennen, Gesetze gibt, denen der Begriff einer Klasse unterworfen ist, Gesetze, die von der Beschaffenheit des Verstandes abhängen und die den Charakter und die Form des Denkprozesses bestimmen.

(3) dass diese Gesetze mathematisch ausgedrückt werden können und somit die Grundlage für ein interpretierbares Kalkül bilden.

(4) Diese Gesetze sind außerdem so beschaffen, dass alle Gleichungen, die nach ihnen gebildet

werden, auch wenn sie unter funktionalen Zeichen ausgedrückt werden, eine perfekte Lösung zulassen, so dass jedes Problem in der Logik durch Bezugnahme auf ein allgemeines Theorem gelöst werden kann.

(5) Dass die Formen, in denen die Sätze gemäß den Prinzipien dieses Kalküls tatsächlich dargestellt werden, denen einer philosophischen Sprache entsprechen.

(6) Obwohl die Symbole des Kalküls für ihre Interpretation nicht von der Idee der Quantität abhängen, führen sie uns dennoch in ihrer besonderen Anwendung auf den Syllogismus zu den quantitativen Bedingungen der Schlussfolgerung.

Vor allem die beiden letztgenannten Positionen möchte ich hier erläutern, da sie in dem genannten Werk nur teilweise dargestellt wurden. Andere Punkte werden jedoch beiläufig erörtert. Es wird notwendig sein, die folgende Schreibweise vorwegzunehmen.

Das Universum der denkbaren Objekte wird durch 1 oder die Einheit dargestellt. Dies nehme ich als die primäre und subjektive Vorstellung an. Alle untergeordneten Klassenvorstellungen werden nach folgendem Schema durch Einschränkung aus ihr gebildet.

Nehmen wir an, dass wir die Vorstellung einer beliebigen Gruppe von Objekten haben, die aus X s Y s und anderen besteht, und dass x , das wir ein Wahlsymbol nennen werden, die mentale Operation darstellt, aus dieser Gruppe alle X s auszuwählen, die sie enthält, oder die Aufmerksamkeit auf die X s zu richten, unter Ausschluss aller, die nicht X s sind, y die mentale Operation, die Y s auszuwählen, und so weiter; dann haben wir, wenn 1 oder das Universum die Subjektvorstellung ist, die

$x\,1$ or $x =$ the class X,
$y\,1$ or $y =$ the class Y,
$xy\,1$ or $xy =$ the class each member of which is both X and Y,

(Zeile 1 und 2: die Klasse, Zeile 3: die Klasse bei denen jedes Elemente sowohl X wie auch Y ist)

und so weiter.

In gleicher Weise werden wir

$1 - x =$ the class not-X,
$1 - y =$ the class not-Y,
$x(1 - y) =$ the class whose members are Xs but not-Ys,
$(1 - x)(1 - y) =$ the class whose members are neither Xs nor Ys,
&c.

(wie obige Übersetzung, aber Nicht-X, Nicht-Y)

Aus der Betrachtung der Art der geistigen Operation, um die es geht, ergibt sich außerdem, dass die folgenden Gesetze erfüllt sind.

Darstellung durch x ,y ,z beliebig wählbare Symbole,

9

$$x(y + z) = xy + xz, \quad (1)$$
$$xy = yx, \text{ \&c.}, \quad (2)$$
$$x^n = x, \text{ \&c.} \quad (3)$$

Aus dem ersten dieser Gesetze geht hervor, dass Wahlsymbole in ihrer Wirkung distributiv sind; aus dem zweiten, dass sie *kommutativ* sind. Das dritte habe ich als das Indexgesetz bezeichnet; es ist den Wahlsymbolen eigen.

Die Wahrheit dieser Gesetze hängt keineswegs von der Art, der Anzahl oder den gegenseitigen Beziehungen der Individuen ab, die zu den verschiedenen Klassen gehören. Es kann nur ein Individuum in einer Klasse sein, oder es können tausend sein. Es kann Individuen geben, die den verschiedenen Klassen gemeinsam sind, oder die Klassen können sich gegenseitig ausschließen. Alle Wahlsymbole sind distributiv und kommutativ, und alle Wahlsymbole erfüllen das durch (3) ausgedrückte Gesetz.

Diese Gesetze sind in der Tat in jeder gesprochenen oder geschriebenen Sprache verankert. Die Gleichwertigkeit der Ausdrücke "guter weiser Mann" und "weiser guter Mann" ist keine bloße Binsenweisheit, sondern eine Behauptung des in (2) dargestellten Gesetzes der Umkehrung. Und es gibt ähnliche Illustrationen der anderen Gesetze.

Mit diesen Gesetzen ist ein allgemeines Axiom verbunden. Wir haben gesehen, dass algebraische Operationen, die mit Wahlsymbolen durchgeführt werden, mentale Prozesse darstellen. So stellt die Verbindung zweier Symbole durch das Zeichen + die Zusammenfassung zweier Klassen zu einer einzigen Klasse dar, die Verbindung zweier Symbole xy wie bei der Multiplikation die gedankliche Operation, aus einer Klasse Y diejenigen Mitglieder auszuwählen, die auch einer anderen Klasse X angehören, und so weiter. Durch solche Operationen wird die Vorstellung von einer Klasse verändert. Darüber hinaus hat der Verstand aber auch die Fähigkeit, Gleichheitsbeziehungen zwischen den Klassen wahrzunehmen. Das fragliche Axiom besagt also, dass, *wenn ein Gleichheitsverhältnis zwischen zwei Klassen wahrgenommen wird, dieses Verhältnis unberührt bleibt, wenn beide Subjekte durch die oben beschriebenen Operationen gleichermaßen verändert werden.* (A). Dieses Axiom, und nicht das "Diktum des Aristoteles", ist die eigentliche Grundlage allen Denkens, wobei die Form und der Charakter des Prozesses jedoch durch die drei bereits genannten Gesetze bestimmt werden.

Es ist nicht nur wahr, dass jedes Wahlsymbol, das eine Klasse repräsentiert, das Indexgesetz (3) erfüllt, sondern es kann auch streng bewiesen werden, dass jede Kombination von Wahlsymbolen ϕ (xyz ..), die das Gesetz ϕ (xyz ..)^n = ϕ (xyz ..) erfüllt, einen intelligiblen Begriff repräsentiert, d.h. eine Gruppe oder Klasse, die durch eine größere oder kleinere

Anzahl von Eigenschaften definiert ist und aus einer größeren oder kleineren Anzahl von Teilen besteht.

Die vier kategorischen Sätze, auf denen die Lehre des gewöhnlichen Syllogismus beruht, sind

Alle Ys sind Xs.	A,
Keine Ys sind Xs.	E,
Manche Ys sind Xs.	I,
Manche Ys sind keine Xs.	O.

Wir werden diese in Bezug auf die Klassen betrachten, zwischen denen die Beziehung ausgedrückt wird.

A. Der Ausdruck Alle Y s steht für die Klasse Y und wird daher durch y ausgedrückt, die Kopula sind durch das Zeichen =, der unbestimmte Begriff, X s, ist äquivalent zu Einige X s. Es ist eine Konvention der Sprache, dass das Wort Einige im Subjekt, aber nicht im Prädikat eines Satzes ausgedrückt wird. Der Ausdruck Einige X s wird durch vx ausgedrückt, wobei v ein Wahlsymbol ist, das einer Klasse V entspricht, von der einige Mitglieder X s sind, die aber in anderer Hinsicht willkürlich ist. So wird der Satz A durch die Gleichung ausgedrückt

$$y = vx \qquad (4)$$

E. In dem Satz "Keine Y s sind X s" scheint die negative Partikel an das Subjekt angehängt zu sein und nicht an das Prädikat, zu dem sie offensichtlich gehört. [1] Wir wollen nicht sagen, dass die Dinge, die Nicht-Y s sind, X s sind, sondern dass die Dinge, die Y s sind, Nicht-X s sind. Nun wird die Klasse Nicht-X s durch 1 -x ausgedrückt; daher wird der Satz Keine Y s sind X s, oder vielmehr Alle Y s sind Nicht-X s, ausgedrückt durch

$$y = v(1 - x) \qquad (5)$$

I. In dem Satz Einige Y s sind X s, oder Einige Y s sind einige X s, könnten wir das Einige im Subjekt und das Einige im Prädikat als auf dieselbe beliebige Klasse V bezogen betrachten und so schreiben

$$vy = vx,$$

aber es ist weniger anzunehmen, dass man dies nicht tut. Wir sollten also schreiben

$$vy = v'x \qquad (6)$$

v', die auf eine andere beliebige Klasse verweist V'.

O. In ähnlicher Weise wird der Satz Einige Y s sind Nicht-X s, durch die Gleichung ausgedrückt

$$vy = v'(1 - x) \qquad (7)$$

Aus dem Gesagten geht hervor, dass die Formen, in denen die vier kategorischen Sätze A, E, I, O in der Notation der Wahlsymbole dargestellt werden, denen der reinen Sprache entsprechen, d. *h.* den Formen, die die menschliche Sprache annehmen würde, wenn ihre Regeln vollständig auf einer wissenschaftlichen Grundlage aufgebaut wären. In der überwiegenden Mehrzahl der Sätze, die der Verstand begreifen kann, sind die Gesetze des Ausdrucks durch den Gebrauch nicht verändert worden, und die Analogie wird deutlicher, z. *B.* die Interpretation der Gleichung

$$z = x(1 - y) + y(1 - x),$$

ist, besteht die Klasse **Z** aus allen **X** s, die Nicht-**Y** s sind, und aus allen **Y** s, die Nicht-Xs sind.

[1] The Mathematical Analysis of Logic, being an Essay towards a Calculus of Deductive Reasoning. Cambridge, MacMillan; London, G. Bell.

[2]Die mathematische Analyse der Logik

[3] Es gibt zwei Möglichkeiten, den Satz "Keine X sind Y" zu verstehen. 1. Im Sinne von Alle Xs sind nicht Y, im Sinne von Es ist nicht wahr, dass irgendwelche Xs Ys sind, d.*h.* der Satz "Einige Xs sind Ys". Erstere sind kategorische Sätze. Der zweite Satz ist *eine Behauptung über einen Satz*, und sein Ausdruck gehört zu einem anderen Teil des Wahlsystems. Mir scheint, dass es die letztere Bedeutung ist, die von denjenigen, die die Verneinung *nicht auf* die Kopula beziehen, wirklich angenommen wird. Sie auf das Prädikat zu

beziehen, ist keine unnütze Verfeinerung, sondern ein notwendiger Schritt, um den Satz wirklich zu *einer Beziehung zwischen Klassen zu* machen. Ich glaube, man wird feststellen, dass dieser Schritt bei den Versuchen, die aristotelischen Verteilungsregeln zu demonstrieren, tatsächlich vollzogen wird.

Die Transposition der Verneinung ist ein sehr häufiges Merkmal der Sprache. Die Gewohnheit macht uns in unserer eigenen Sprache fast unempfindlich dafür, aber wenn in einer anderen Sprache dasselbe Prinzip anders dargestellt wird, wie im Griechischen, οὐ φημὶ für φημὶ οὐ, verlangt es Aufmerksamkeit.

Allgemeine Theoreme in Bezug auf elektive Funktionen.

Wir sind nun zu diesem Schritt gelangt, dass wir im Besitz einer Klasse von Symbolen x ,y ,z , &c. sind, die bestimmten Gesetzen genügen und für den strengen Ausdruck jedes beliebigen kategorischen Satzes geeignet sind. Es wird unsere nächste Aufgabe sein, einige der allgemeinen Theoreme des Kalküls zu zeigen, die auf der Grundlage dieser Gesetze beruhen, und diese Theoreme werden wir anschließend auf die Diskussion von besonderen Beispielen anwenden.

Von den allgemeinen Theoremen werde ich nur zwei Gruppen vorstellen: diejenigen, die sich auf die Entwicklung von Funktionen beziehen, und diejenigen, die sich auf die Lösung von Gleichungen beziehen.

Theoreme der Entwicklung.

(1) Wenn x ein beliebiges Wahlsymbol ist, dann

$$\phi(x) = \phi(1)x + \phi(0)(1-x) \qquad (8)$$

die Koeffizienten ϕ (1), ϕ (0), die quantitative oder allgemeine algebraische Funktionen sind, werden als Moduli bezeichnet, und x und 1 -x als Konstituenten.

(2) Für eine Funktion mit zwei wählbaren Symbolen gilt

$$\phi(xy) = \phi(11)xy + \phi(10)x(1-y)$$
$$+ \phi(01)(1-x)y + \phi(00)(1-x)(1-y) \qquad (9)$$

in denen ϕ (11), ϕ (10), &c. quantitativ sind und die Module genannt werden, und xy ,x (1 -y), &c. die Bestandteile.

(3) Funktionen von drei Symbolen,

$$\phi(xyz) = \phi(111)xyz + \phi(110)xy(1-z)$$
$$+ \phi(101)x(1-y)z + \phi(100)x(1-y)(1-z)$$
$$+ \phi(011)(1-x)yz + \phi(010)(1-x)y(1-z)$$
$$+ \phi(001)(1-x)(1-y)z + \phi(000)(1-x)(1-y)(1-z) \qquad (10)$$

wobei ϕ (111),ϕ (110), &c. die Module sind, und xyz ,xy (1 -z), &c. die Bestandteile.

Aus diesen Beispielen ist das allgemeine Gesetz der Entwicklung offensichtlich. Und ich möchte darauf hinweisen, dass dieses Gesetz eine bloße Folge der primären Gesetze ist, die in (1), (2), (3) ausgedrückt wurden.

THEOREM. Wenn wir eine beliebige Gleichung ϕ (xyz ..) = 0 haben und das erste Glied vollständig erweitern, dann kann jeder Bestandteil, dessen Modul nicht verschwindet, mit 0 gleichgesetzt werden.

Dies ermöglicht es uns, jede Gleichung nach einer allgemeinen Regel zu interpretieren.

REGEL. Bringe alle Terme auf die erste Seite, erweitere diese in Bezug auf alle beteiligten Wahlsymbole und setze jeden Bestandteil, dessen Modulus nicht verschwindet, mit 0 gleich.

Für die Demonstration dieser und vieler anderer Ergebnisse muss ich auf die Originalarbeit verweisen. Es ist anzumerken, dass auf S. 66[4], *z* irrtümlich durch *w* ersetzt wurde, und dass der Verweis auf S. 80[5] auf Prop. 2 lauten sollte.

Nehmen wir als Beispiel die Gleichung

$$x + 2y - 3xy = 0 \qquad (11a)$$

Dabei ist ϕ (xy) = $x + 2y - 3xy$, so dass die Werte der Moduli sind

$$\phi(11) = 0, \quad \phi(10) = 1, \quad \phi(01) = 2, \quad \phi(00) = 0,$$

so dass die Erweiterung (9) ergibt

$$x(1 - y) + 2y(1 - x) = 0,$$

was in Wirklichkeit nur eine andere Form von (11a) ist. Wir haben also, nach der Regel

$$x(1 - y) = 0 \qquad (11b)$$
$$y(1 - x) = 0 \qquad (12)$$

Ersteres impliziert, dass es keine X gibt, die nicht Y sind, letzteres, dass es keine Y gibt, die nicht X sind, wobei beide zusammen die volle Bedeutung der ursprünglichen Gleichung ausdrücken.

Wir können jedoch oft die Bestandteile neu kombinieren, was einen Gewinn an Einfachheit bedeutet. Im vorliegenden Fall subtrahieren wir (12) von (11b) und erhalten

$$x - y = 0$$

oder

$$x = y,$$

das heißt, die Klasse **X** ist identisch mit der Klasse **Y**. Dieser Satz ist äquivalent zu den beiden vorherigen.

Alle Gleichungen sind also gleichwertig, die bei der Erweiterung die gleiche Reihe von Teilgleichungen ergeben, und *alle sind interpretierbar*.

[4]Die mathematische Analyse der Logik

[5]Ebd.

Allgemeine Lösung von Wahlgleichungen.

(1) Die allgemeine Lösung der Gleichung $\phi\ (xy\ ) = 0$, an der nur zwei Wahlsymbole beteiligt sind, wobei y dasjenige ist, dessen Wert gesucht wird, lautet

$$y = \frac{\phi(10)}{\phi(10) - \phi(11)}x + \frac{\phi(00)}{\phi(00) - \phi(01)}(1 - x) \qquad (13)$$

Die Koeffizienten

$$\frac{\phi(10)}{\phi(10) - \phi(11)}, \qquad \frac{\phi(00)}{\phi(00) - \phi(01)}$$

sind hier die Moduli.

(2) Die allgemeine Lösung der Gleichung $\phi\ (xyz\ ) = 0$, wobei z das Symbol ist, dessen Wert bestimmt werden soll, lautet

$$z = \frac{\phi(110)}{\phi(110) - \phi(111)}xy + \frac{\phi(100)}{\phi(100) - \phi(101)}x(1 - y)$$
$$+ \frac{\phi(010)}{\phi(010) - \phi(011)}(1 - x)y + \frac{\phi(000)}{\phi(000) - \phi(001)}(1 - x)(1 - y), \qquad (14),$$

deren Koeffizienten wir noch als Moduli bezeichnen werden. Das Gesetz ihrer Bildung wird leicht zu erkennen sein, so dass die allgemeinen Theoreme, die für die Lösung von Wahlgleichungen mit zwei und drei Symbolen gegeben wurden, als

Beispiele für ein allgemeineres Theorem betrachtet werden können, das auf alle Wahlgleichungen anwendbar ist. Bei der Anwendung dieser Ergebnisse ist zu beachten, dass, wenn ein Modulus die Form 0/0 annimmt, er durch ein beliebiges Wahlsymbol w zu ersetzen ist, und dass, wenn ein Modulus irgendeinen numerischen Wert außer 0 oder 1 annimmt, der Bestandteil, von dem er ein Faktor ist, gesondert mit 0 gleichgesetzt werden muss. Obwohl diese Bedingungen nur aus den Gesetzen abgeleitet werden, denen die Symbole gehorchen, und ohne jeglichen Bezug auf die Interpretation, machen sie dennoch die Lösung jeder Gleichung in der Logik interpretierbar. Auf solche Formeln *kann* auch *jede Frage nach den Beziehungen der Klassen bezogen werden*. Eine oder zwei sehr einfache Illustrationen mögen genügen[6].

(1) Gegeben

$$yx = yz + x(1 - z) \qquad \text{(a)}$$

Die Y s, die X s sind, bestehen aus den Y s, die Z s sind und den X s, die nicht Z s sind. Erforderlich ist die Klasse Z.

Hier

$$\phi(111) = 0, \qquad \phi(110) = 0, \qquad \phi(101) = 0,$$
$$\phi(100) = -1, \qquad \phi(011) = -1, \qquad \phi(010) = 0,$$
$$\phi(001) = 0, \qquad \phi(000) = 0;$$

und durch Einsetzen von (14) ergibt sich

$$z = \frac{0}{0}xy + x(1 - y) + \frac{0}{0}(1 - x)(1 - y)$$
$$= x(1 - y) + wxy + w'(1 - x)(1 - y). \qquad (15)$$

Daher umfasst die Klasse Z alle X s, die nicht Y s sind, eine unbestimmte Anzahl von X s, die Y s sind, und eine unbestimmte Anzahl von Individuen, die weder X s noch Y s sind. Da die Klassen w und w' ziemlich willkürlich sind, ist der unbestimmte Rest ebenso willkürlich; er kann verschwinden oder nicht. [7]

Da 1 -z eine Klasse darstellt, Nicht-Z , und das Indexgesetz erfüllt

$$(1 - z)^n = 1 - z,$$

Wie sich bei der Prüfung herausstellt, können wir, wenn wir wollen, den Wert dieses Elements genauso bestimmen wie den von z .

Nehmen wir zur Veranschaulichung dieses Prinzips die Gleichung $y = vx$, (Alle Y s sind X s), und suchen wir den Wert von 1 -x , die Klasse Nicht-X .

Setzt man 1 -x =z dann $y = v$ (1 -z), und schreibt man dies in der Form y -v (1 -z) = 0 und stellt das

23

erste Glied durch $\phi\,(vyz)$ dar, wobei v hier an die Stelle von x tritt, so erhält man in (14)

$$\begin{aligned}
\phi(111) &= 1, & \phi(110) &= 0, \\
\phi(101) &= 0, & \phi(100) &= -1, \\
\phi(011) &= 1, & \phi(010) &= 1, \\
\phi(001) &= 0, & \phi(000) &= 0;
\end{aligned}$$

wird die Lösung also die Form annehmen

$$z = \frac{0}{0-1}vy + \frac{-1}{-1-0}v(1-y) + \frac{1}{1-1}(1-v)y + \frac{0}{0-0}(1-v)(1-y), \qquad (15)$$

oder

$$1 - x = v(1-y) + \frac{1}{0}(1-v)y + \frac{0}{0}(1-v)(1-y). \qquad (16)$$

Der unendliche Koeffizient des zweiten Terms im zweiten Glied erlaubt es uns, zu schreiben

$$y(1-v) = 0 \qquad (17),$$

der Koeffizient 0/0 wird dann durch w ersetzt, ein beliebiges Wahlsymbol, und es ergibt sich

$$1 - x = v(1-y) + w(1-v)(1-y),$$

oder

$$1 - x = v + w(1 - v)(1 - y) \qquad (18).$$

Zu diesem Ergebnis lässt sich anmerken, dass der Koeffizient $v + w (1 - v)$ im zweiten Glied die Bedingung erfüllt

$$v + w(1 - v)^n = v + w(1 - v),$$

wie bei der Quadratur des Kreises deutlich wird. Es stellt also eine *Klasse* dar. Wir können es durch ein wahlfreies Symbol u ersetzen, dann haben wir

$$1 - x = u(1 - y) \qquad (19),$$

deren Auslegung ist

Alle Nicht-**X** s sind Nicht-**Y** s.

Dies ist eine bekannte Umwandlung in der Logik und wird Konversion durch Kontraposition oder negative Konversion genannt. Aber damit ist die Lösung, die wir erhalten haben, noch lange nicht erschöpft. Die Logiker haben die Tatsache übersehen, dass bei der Umwandlung des Satzes Alle **Y** s sind (einige) **X** s in Alle Nicht-**X** s sind (einige) Nicht-**Y** s eine Beziehung zwischen den beiden (*Somes*) besteht, die in den Prädikaten verstanden wird. Die Gleichung (18) zeigt, dass, was auch immer die Bedingung sein mag, die die **X** s im ursprünglichen Satz begrenzt, die Nicht-Ys im umgewandelten Satz aus allen bestehen, die derselben Bedingung unterliegen, und aus einem beliebigen Rest, der dieser Bedingung nicht unterworfen ist. Die Gleichung (17) zeigt weiter, dass es keine Y s gibt, die nicht dieser Bedingung unterliegen.

Wir können die Gleichung $y = v(1-x)$, Keine Y s sind X s, in ähnlicher Weise auf die Form $x = v'(1-y)$ Keine X s sind Y s reduzieren, mit einer ähnlichen Beziehung zwischen v und v'. Lösen wir die Gleichung $y = vx$ Alle Y s sind X s, mit Bezug auf v, erhalten wir die Nebenrelation $y(1-x) = 0$ Keine Y s sind Nicht-X s, und ähnlich aus der Gleichung $y = v(1-x)$ (Keine Y s sind X s) erhalten wir $xy = 0$. Diese Gleichungen, die auch auf andere Weise erhalten werden können, habe ich in der ursprünglichen Abhandlung verwendet. Alle Gleichungen, deren Interpretationen miteinander verbunden sind, sind selbst in ähnlicher Weise verbunden, durch Lösung oder Entwicklung.

[6]Der Autor hat nur ein Beispiel für diesen speziellen Fall angeführt.

[7]Diese Schlussfolgerung kann anhand eines Beispiels wie dem folgenden veranschaulicht und überprüft werden.

x bezeichnet alle Dampfer oder Dampfschiffe,
y bezeichnet alle Dampfer oder bewaffneten Schiffe,
z bezeichnet alle Schiffe des Mittelmeers.

Gleichung(a) würde dann ausdrücken, dass bewaffnete Dampfer aus den bewaffneten Schiffen des Mittelmeers und den Dampfschiffen, die nicht im Mittelmeer fahren, bestehen. Daraus folgt -

(1) dass es im Mittelmeer keine bewaffneten Schiffe außer Dampfern gibt.

(2) Dass alle unbewaffneten Dampfer im Mittelmeer sind (da die Dampfschiffe, die nicht im Mittelmeer liegen, bewaffnet sind). Daraus schließen wir, dass *die Schiffe des Mittelmeers aus allen unbewaffneten Dampfern, einer beliebigen Anzahl bewaffneter Dampfer und einer beliebigen Anzahl unbewaffneter Schiffe ohne Dampf bestehen.* Dies ist, symbolisch ausgedrückt, Gleichung (15).

Zum Syllogismus.

Die bereits abgeleiteten Formen von kategorischen Sätzen sind

$y = vx$,	Alle Ys sind Xs,
$y = v(1 - x)$,	Keine Ys sind Xs,
$vy = v^t x$,	Manche Ys sind Xs,
$vy = v^t(1 - x)$,	Manche Ys sind keine Xs,

wovon die beiden ersten durch Lösung $1 - x = v'(1 - y)$ ergeben. Alle Nicht-**X** s sind Nicht-**Y** s, $x = v'(1 - y)$, Keine **X** s sind **Y** s. Zu dem obigen Schema, das das von Aristoteles ist, könnten wir die vier kategorischen Sätze hinzufügen

$1 - y = vx$,	Alle Nicht-Ys sind Xs,
$1 - y = v(1 - x)$,	Alle Nicht-Ys sind Nicht-Xs,
$v(1 - y) = v^t x$,	Einige Nicht-Ys sind Xs,
$v(1 - y) = v^t(1 - x)$,	Manche Nicht-Ys sind Nicht-Xs,

von denen die ersten beiden in ähnlicher Weise umgewandelt werden können in

$1 - x = v^t y$,	Alle Nicht-Xs sind Ys,
$x = v^t y$,	Alle Xs sind Ys,
	oder Keine Nicht-Xs sind Ys,

Wenn nun die beiden Prämissen eines beliebigen Syllogismus durch Gleichungen der obigen Formen

28

ausgedrückt werden, führt die Eliminierung des gemeinsamen Symbols y zu einer Gleichung, die die Schlussfolgerung ausdrückt.

Bsp. 1.	Alle Ys sind Xs,	$y = vx,$
	Alle Zs sind Ys,	$z = v'y,$

die Eliminierung von y ergibt

$$z = vv'x,$$

deren Auslegung ist

Alle Z s sind X s,

Die Form des Koeffizienten vv' zeigt an, dass das Prädikat der Schlussfolgerung durch die beiden Bedingungen begrenzt wird, die die Prädikate der Prämissen getrennt begrenzen.

Bsp. 2.	Alle Ys sind Xs,	$y = vx,$
	Alle Ys sind Zs,	$y = v'z.$

Die Eliminierung von y ergibt

$$v'z = vx,$$

die interpretierbar ist in Einige **Z** s sind **X** s. Es ist immer notwendig, dass ein Term der Konklusion mit Hilfe der Gleichungen der Prämissen interpretierbar sein sollte. Im obigen Fall ist beides der Fall.

Bsp. 3.	Alle Xs sind Ys,	x = vy,
	Keine Zs sind Ys,	z = v'(1 - y).

y Anstatt direkt zu eliminieren, können beide Gleichungen durch Lösung wie in (19) umgewandelt werden. Die erste Gleichung ergibt

$$1 - y = u(1 - x),$$

u was gleichbedeutend ist mit $v + w$ (1 - v), wobei w willkürlich ist. Eliminiert man 1 -y zwischen dieser und der zweiten Gleichung des Systems, erhält man

$$z = v'u(1 - x),$$

deren Auslegung ist

Keine Z s sind X s.

Hätten wir y direkt eliminiert, hätten wir

$$vz = v'(v - x),$$

deren reduzierte Lösung lautet

30

$$z = v'\{v + w(1 - v)\}(1 - x),$$

in dem w ein beliebiges Wahlsymbol ist. Dies stimmt genau mit dem früheren Ergebnis überein.

Diese Beispiele mögen ausreichen, um die Anwendung der Methode in bestimmten Fällen zu veranschaulichen. Aber ihre Anwendbarkeit auf die Demonstration allgemeiner Theoreme ist hier, wie in anderen Fällen, ein wichtigeres Merkmal. Ich füge die Ergebnisse einer kürzlich durchgeführten Untersuchung der Gesetze des Syllogismus bei. Obwohl diese Ergebnisse durch große Einfachheit gekennzeichnet sind und in der Tat wenig Spuren ihres mathematischen Ursprungs tragen, wäre es, wie ich meine, sehr schwierig gewesen, sie durch die Untersuchung und den Vergleich von Einzelfällen zu erreichen.

Gesetze des Syllogismus, abgeleitet aus dem Wahlkalkül.

Wir werden alle Sätze berücksichtigen, die aus den Klassen X ,Y ,Z gebildet werden können und sich auf eine der Formen beziehen, die im folgenden System enthalten sind,

A,	Alle Xs sind Zs.	A',	Alle Nicht-Xs sind Zs.
E,	Keine Xs sind Zs.	E',	{Keine Nicht-Xs sind Zs, oder
			{(Alle Nicht-Xs sind Nicht-Zs.)
I,	Manche Xs sind Zs.	I'	Einige Nicht-Xs sind Zs.
O,	Manche Xs sind keine Zs.	O',	Manche Nicht-Xs sind Nicht-Zs.

So ist in dem Satz Alle X s sind Y s das Subjekt Alle X s universal-affirmativ, das Prädikat (einige) Y s partikular-affirmativ.

In dem Satz Einige X s sind Z s, sind beide Begriffe partikular-affirmativ.

Der Satz Keine X s sind Z s würde in der philosophischen Sprache in der Form Alle X s sind Nicht-Z s geschrieben werden. Das Subjekt ist universal-affirmativ, das Prädikat partikular-negativ.

In dem Satz Einige X s sind Nicht-Z s ist das Subjekt partikular-affirmativ, das Prädikat partikular-negativ. In dem Satz Alle Nicht-X s sind Y s ist das Subjekt universal-negativ, das Prädikat partikular-affirmativ, und so weiter.

In einem Prämissenpaar gibt es vier Terme, nämlich zwei Subjekte und zwei Prädikate; zwei dieser Terme, nämlich diejenigen, die das Y oder Nicht-Y betreffen, können die mittleren Terme genannt werden, die beiden anderen die extremen, von denen einer das X oder Nicht-X, der andere Z oder Nicht-Z betrifft.

Nachfolgend sind die Bedingungen und die Regeln für die Schlussfolgerung aufgeführt.

Fall 1. Die mittleren Begriffe von gleicher Qualität.

Bedingung der Inferenz. Ein mittlerer Begriff universal.

Die Regel. Gleiche die Extreme aus.

2. Fall. Die mittleren Begriffe der entgegengesetzten Qualitäten.

1. Bedingung der Inferenz. Eine extreme Universalität.

Die Regel. Ändern Sie die Quantität und Qualität dieses Extrems, und setzen Sie das Ergebnis mit dem anderen Extrem gleich.

2. Bedingung der Inferenz. Zwei universelle Mittelbegriffe.

Die Regel. Ändern Sie die Quantität und Qualität eines der beiden Extreme, und setzen Sie das Ergebnis mit dem anderen Extrem gleich.

Ich füge ein paar Beispiele hinzu,

1.	Alle Ys sind Xs

	Alle Zs sind Ys.

Dies gehört zu Fall 1. Alle **Y** s ist der universelle Mittelbegriff. Die gleichgesetzten Extreme geben Alle **Z** s sind **X** s, wobei der stärkere Begriff zum Subjekt wird.

2nd. $\left.\begin{array}{l}\textbf{All Xs are Ys} \\ \textbf{No Zs are Ys}\end{array}\right\} = \left\{\begin{array}{l}\textbf{All Xs are Ys.} \\ \textbf{All Zs are not-Ys.}\end{array}\right.$

Dies gehört zu Fall 2 und erfüllt die erste Bedingung. Der mittlere Term ist in der ersten Prämisse partikular-affirmativ, in der zweiten partikular-negativ. Nimmt man Alle **Z** s als das universelle Extrem an, so erhält man, wenn man seine Quantität und Qualität ändert, Einige Nicht-**Z** s, und dies gleichgesetzt mit dem anderen Extrem ergibt

Alle X sind (einige) Nicht-**Z** s =
Keine **X** s sind **Z** s.

Wenn wir Alle **X** s als universelles Extrem annehmen, erhalten wir

Keine Zs sind Xs.

3.	Alle Xs sind Ys.
	Manche Zs sind keine Ys.

Auch dies gehört zu Fall 2 und erfüllt die erste Bedingung. Das universelle Extrem Alle **X** s wird, einige Nicht-**X** s, woraus

Manche Zs sind keine Xs.

4.	Alle Ys sind Xs.
	Alle Nicht-Ys sind Zs.

Dies gehört zu Fall 2 und erfüllt die zweite Bedingung. Das Extrem Einige **X** s wird zu Alle Nicht-**X** s,

Alle Nicht-**X** s sind **Z** s.

Das andere Extrem, das auf die gleiche Weise behandelt wird, ergibt

Alle Nicht-**Z** s sind **X** s,

was ein gleichwertiges Ergebnis ist.

Wenn wir uns auf die aristotelischen Prämissen A, E, I, O beschränken, ist die zweite Bedingung der Schlussfolgerung in Fall 2 nicht erforderlich. Die Schlussfolgerung wird nicht notwendigerweise auf das aristotelische System beschränkt sein.

$$\text{Ex.} \quad \left. \begin{array}{l} \text{Some Ys are not Xs} \\ \text{No Zs are Ys} \end{array} \right\} = \left\{ \begin{array}{l} \text{Some Ys are not-Xs.} \\ \text{All Zs are not-Ys.} \end{array} \right.$$

35

Dies gehört zu Fall 2 und erfüllt die erste Bedingung. Das Ergebnis ist

Einige Nicht-**Z** s sind Nicht-**X** s.

Dies scheinen mir die letzten Gesetze der syllogistischen Schlussfolgerung zu sein. Sie gelten für jeden Fall, und sie heben die Unterscheidung der Figuren, die Notwendigkeit der Umkehrung, die willkürlichen und partiellen[9]-Regeln der Verteilung usw. vollständig auf. Wäre die gesamte Logik auf den Syllogismus reduzierbar, so könnten diese Regeln als die Regeln der Logik angesehen werden. Aber die Logik, betrachtet als die Wissenschaft von den Beziehungen der Klassen, hat sich als viel umfangreicher erwiesen. Die syllogistische Schlussfolgerung entspricht im Wahlsystem der Elimination. Aber dies ist nicht die höchste Stufe in der Reihenfolge ihrer Prozesse. Alle Fragen der Elimination können in diesem System als untergeordnet zu dem allgemeineren Problem der Lösung von Wahlgleichungen betrachtet werden. Auf dieses Problem können ausnahmslos alle Fragen der Logik und des Denkens bezogen werden. Für die ausführlichere Darstellung dieses Prinzips muss ich jedoch auf das Originalwerk verweisen. Die Theorie der hypothetischen Sätze, die Analyse der positiven und negativen Elemente, in die alle Sätze letztlich auflösbar sind, und andere ähnliche Themen werden dort ebenfalls behandelt.

Das Endziel der spekulativen Logik besteht zweifellos darin, die Bedingungen, die das Denken ermöglichen, und die Gesetze, die dessen Charakter und Ausdruck bestimmen, zu bestimmen. Das allgemeine Axiom (A) und die Gesetze (1), (2), (3) scheinen die eindeutigste Lösung zu bieten, die derzeit für diese Frage gegeben werden kann. Wenn wir zur Betrachtung hypothetischer Sätze übergehen, bleiben dieselben Gesetze und dasselbe allgemeine Axiom, das vielleicht auch als Gesetz betrachtet werden sollte, bestehen; der einzige Unterschied besteht darin, dass die Gegenstände des Denkens nicht mehr Klassen von Objekten sind, sondern Fälle der koexistierenden Wahrheit oder Falschheit von Sätzen. Die Beziehungen, die die Logiker mit den Begriffen bedingt, disjunkt usw. bezeichnen, werden von Kant auf verschiedene Bedingungen des Denkens bezogen. Aber es ist eine sehr bemerkenswerte Tatsache, dass die Ausdrücke solcher Beziehungen durch bloßes analytisches Verfahren aus den anderen abgeleitet werden können. Aus der Gleichung $y = vx$, die den *bedingten* Satz ausdrückt: "Wenn der Satz Y wahr ist, ist der Satz X wahr", können wir ableiten

$$yx + (1 - y)x + (1 - y)(1 - x) = 1,$$

die den *disjunktiven* Satz ausdrückt: "Entweder sind Y und X zusammen wahr, oder X ist wahr und Y ist falsch, oder sie sind beide falsch", und wiederum die Gleichung $y(1 - x) = 0$, die eine Beziehung der Koexistenz ausdrückt, *nämlich* dass die Wahrheit von Y und die Falschheit von X nicht koexistieren. Die Unterscheidung in geistiger Hinsicht, die den besten Anspruch hat, als grundlegend angesehen zu werden, ist, so denke ich, die des Positiven und des Negativen. Daraus leiten wir das Direkte und das Inverse in den Operationen, das Wahre und das Falsche in den Sätzen und den Gegensatz der Eigenschaften in ihren Begriffen ab.

Das Bild, das diese Untersuchungen von der Natur der Sprache zeichnen, ist sehr interessant. Sie zeigen sie nicht als eine bloße Ansammlung von Zeichen, sondern als ein Ausdruckssystem, dessen Elemente den Gesetzen des Gedankens unterliegen, den sie darstellen. Dass diese Gesetze ebenso streng mathematisch sind wie die Gesetze, die die rein quantitativen Vorstellungen von Raum und Zeit, von Zahl und Größe regieren, ist eine Schlussfolgerung, die ich ohne Zögern einer genauen Prüfung unterziehe.

[8] Wenn man von *Sätzen* sagt, dass sie mit Quantität und Qualität behaftet sind, so ist die Qualität die des *Prädikats*, das die *Art der* Behauptung ausdrückt, und die Quantität die des *Subjekts*, die ihren Umfang angibt.

[9]Teilweise, weil sie sich nur auf die Quantität des X beziehen, auch wenn sich der Satz auf das Nicht-X bezieht. Es wäre möglich, ein exaktes Gegenstück zu den aristotelischen Regeln des Syllogismus zu konstruieren, indem man nur das Nicht-X quantifiziert. Das System im Text ist *symmetrisch*, weil es vollständig ist.